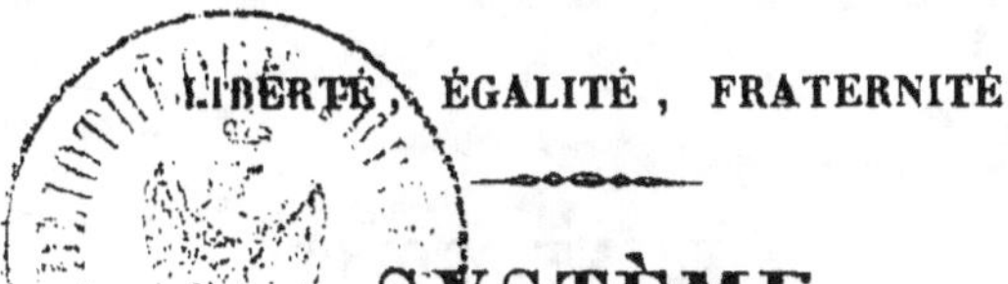

LIBERTÉ, ÉGALITÉ, FRATERNITÉ

SYSTÈME

DE

RÉFORME INDUSTRIELLE

OU

PROJET D'ASSOCIATION

ENTRE TOUS LES CITOYENS QUI CONCOURENT AU COMMERCE

ET A LA

FABRICATION DES ARTICLES DE SOIERIES

Ouvrage pouvant servir de base à l'organisation en société
de toutes les industries

Par le Citoyen Xavier PAILLEY

MENUISIER-CARROSSIER

PRIX : 40 CENTIMES

Cet Ouvrage a pour but direct d'anéantir, sans attaquer la propriété, les faillites,
la concurrence en France, le privilége, le monopole,
l'exploitation de l'homme par l'homme

EN VENTE

CHEZ LES PRINCIPAUX LIBRAIRES ET CHEZ L'AUTEUR

Avenue de Saxe, 34, près le cours Lafayette

1848

AVANT-PROPOS.

—

Je profite des trois grands principes que la République a adoptés et placés sous sa sauvegarde , pour dire hautement ma pensée au sujet d'une industrie et d'une classe de travailleurs sur lesquels une association générale peut seule exercer une large et salutaire influence. Quelques-uns, en me lisant , diront peut-être : C'est du Phalanstérien , du Communisme, et que sais-je encore ? A ceux-là je répondrai : Je manifeste librement mon opinion ; chacun a le droit d'en faire autant ; et à tous je dirai : Ne voyez que le fond dans cet écrit, soyez indulgents pour la forme. Peu habitué à manier la plume , je n'ai nullement l'intention d'offrir au lecteur un chef-d'œuvre littéraire. Ma seule ambition est d'être utile à mon pays , en servant les intérêts de mes semblables, des citoyens travailleurs mes frères.

SYSTÈME

DE

RÉFORME INDUSTRIELLE

OU

PROJET D'ASSOCIATION

**Entre tous les Citoyens qui concourent
au Commerce et à la Fabrication
des Articles de Soieries.**

Un citoyen, avec lequel je viens d'avoir un entre-
tien, relativement aux moyens propres à améliorer
le sort des diverses corporations qui travaillent aux
articles de soieries, m'a présenté un moyen que je
reconnais pouvoir être applicable pour un certain
nombre d'années, mais sur lequel on serait forcément
obligé de revenir plus tard, attendu qu'il n'exclut pas

le privilége dans son entier. Ce moyen insuffisant, que m'a indiqué le citoyen ci-dessus, m'a suggéré les idées suivantes que je crois de nature à atteindre plus complétement le but.

Un négociant, par exemple, qui a une fortune de deux cent mille francs, et par conséquent qui a de quoi vivre largement, n'a plus besoin de se casser la tête dans des opérations commerciales. Que l'on crée donc alors une maison centrale et autant de succursales que besoin sera; que ce négociant dépose dans ladite maison toutes ses valeurs en espèces et en marchandises contre un récépissé que lui signera un commissaire spécial nommé à cet effet par l'Etat. L'Etat sera garant de toutes les valeurs apportées en société, mais non, bien entendu, des pertes ou non-valeurs que le commerce et les marchandises auront à supporter. Cette nouvelle création pourrait être assimilée à une caisse d'épargnes, avec cette diffé-rence seulement que l'Etat n'aura pas à faire valoir le fonds social.

Les récépissés seront signés réciproquement par tous les négociants, conjointement avec le commis-saire délégué à cet effet par l'Etat, et chaque négo-ciant sera dépositaire de son récépissé. Quant aux négociants qui n'auraient pas des rentes suffisantes pour vivre dans l'oisiveté, ils auront la liberté de prendre, dans ladite maison, un appointement qui sera de quatre mille francs. Soit pour la correspondance ou autres emplois, ils dirigeront leurs commis comme par le passé. Ces commis entreront dans la société avec les mêmes appointements que ceux qu'ils touchent sous leurs chefs actuels. Seulement, les appointements des commis qui dépasseraient trois mille francs, seront réduits à ce dernier chiffre. Et plus tard, lorsque, soit par leurs économies, par leurs appointements, ou par les bénéfices que le commerce leur aura donnés, lorsque ces commis auront acquis une somme de vingt-cinq mille francs, ils deviendront chefs en déposant cette somme dans la maison sociale, et auront droit par conséquent, immédiatement, à un appointement de quatre mille fr. Le nombre des chefs devra être illimité. De cette manière, il y aura toujours de l'émulation parmi les commis, et la société ne pourra moins faire que de prospérer. En attendant que les commis aient acquis la somme de vingt-cinq mille francs, ils prêteront à la maison sociale leurs économies, et l'intérêt leur en sera payé, ainsi que pour la mise de fonds des négociants, au taux légal, c'est-à-dire à raison de cinq pour cent.

J'arrive maintenant aux ouvriers qui travaillent sur le métier.

Je dirai d'abord qu'il est de toute nécessité que l'ouvrier reste dans le local qu'il habite actuellement, afin de ne point porter à l'immeuble un préjudice considérable qui retomberait ensuite sur la société entière. En effet, les propriétaires des immeubles, n'ayant plus de locataires, se trouveraient privés de leurs rentes, et, par suite, dans l'impossibilité d'acquitter leurs impôts, ou de faire d'autres dépenses qui se répartissent sur tout en général. D'autre part, l'ouvrier n'aurait aucune raison valable de quitter son habitation, puisque, une fois associé au commerce et ayant part au bénéfice, il pourrait facilement payer sa location.

Ceci posé, je passe aux bases qui doivent régir l'association. Les pièces de soie seront délivrées aux chefs ouvriers comme par le passé. La société devra présenter pour arbitres trois négociants, trois premiers commis des plus salariés, trois chefs ouvriers, et trois ouvriers travaillant sur le métier. Ces douze arbitres, en fondant la société, se réuniront aussi souvent qu'il sera jugé à propos. Ils estimeront chaque qualité d'étoffe à tant le mètre, de telle sorte que l'ouvrier puisse convenablement vivre et s'entretenir pendant les dix heures qu'il doit travailler par jour. On maintiendra aux ouvriers, autant que possible, les mêmes articles de fabrication, afin qu'il y ait le moins possible interruption dans le travail, et aussi pour éviter les dépenses d'ustensiles et autres frais accessoires que leur occasionnent ces divers changements. Néanmoins, après un certain temps, et une fois l'ouvrier devenu très-habile sur tel ou tel article, on pourra lui donner d'autres articles à confectionner, afin que chaque ouvrier puisse, avec le temps, devenir également habile sur les divers articles de fabrication. L'ouvrier ne recevant que la moitié du prix de façon ne touchera, par conséquent, que la moitié du bénéfice résultant d'une pièce. Il aura fait, par année, tant de pièces qui formeront ensemble une somme de tant.

Le montant de cette somme servira de base, en fin d'année, pour régler et déterminer, comparativement aux appointements des négociants, capitalistes, commis, ou au produit du travail des chefs ouvriers et ouvriers simples, de tous enfin, sans aucune distinction, pour déterminer et régler, dis-je, la part des bénéfices qui doit revenir à l'ouvrier.

L'ouvrier travaillant à moitié façon sera tenu de donner connaissance à la maison centrale où à l'une des succursales, de toutes les pièces travaillées par lui, au fur et à mesure de la fabrication, et le chef ouvrier sera également tenu de confirmer immédiatement la déclaration de l'ouvrier. Si l'ouvrier abandonnait sa pièce avant qu'elle fut achevée, il faudrait aussi qu'il fasse reconnaître ce qui reste encore à faire sur cette pièce.

Les douze arbitres que j'ai désignés ci-dessus estimeront toutes les marchandises que les négociants apporteront au moment de la fondation de la société. Ils inscriront leurs créances et leurs dettes. Pour estimer les marchandises, on peut se baser sur le prix de revient.

Mais, pour pouvoir réaliser et mener à bien cette association, pour la fonder, il faut que l'Etat intervienne par une forte somme, à titre de prêt, soit pour faire des achats de marchandises premières, soit pour payer les ouvriers, ou pour effectuer les paiements des négociants qui se trouveraient dans des positions désastreuses. Les avances et paiements faits en faveur des susdits négociants, auront leur garantie sur la mise de fonds en marchandises qu'ils auront apportées à la société; — et en ce qui concerne la somme prêtée par l'Etat, elle sera remboursable annuellement ou par amortissement.

Tous citoyens qui voudront participer au commerce de la société devront, pour être chefs, et avoir droit à un appointement de quatre mille francs, verser au moins une somme de soixante mille fr. Si le versement est au-dessous de cette somme, leurs appointements seront fixés par la société. Lorsque j'ai fait exception pour les commis, et que je ne leur ai demandé que vingt-cinq mille francs pour devenir chefs et avoir droit à l'appointement de quatre mille francs, j'ai voulu entretenir parmi eux l'émulation et les engager à acquérir toute l'aptitude et toutes les connaissances utiles. Néanmoins, il est bien entendu qu'ils ne pourront arriver à être chefs qu'au moyen des bénéfices qui seront reconnus légitimement gagnés dans la société.

Les commis à appointements au-dessous de trois mille francs seront sujets à augmentation, suivant leur dévouement et leur capacité. De même encore, les commis ayant trois mille francs, pourront arriver jusqu'à trois mille cinq cents francs, mais ils ne pourront dépasser cette somme que lorsqu'ils seront devenus chefs par leur mise de fonds. L'avoir de tous les sociétaires, sans exception, qui viendraient à décéder dans la société, appartiendra à leurs parents jusqu'au troisième degré ; mais, passé ce troisième degré, l'avoir des sociétaires décédés appartiendra à la société.

Un mot sur les teinturiers en soie, sur les devideuses et sur les apprentis-ouvriers en soie.

Les teinturiers ont teint tant de kilos de soie à tant, qui ont produit à leurs chefs une somme de tant, d'où il résulte en bénéfices, dans le courant de l'année, une somme de tant. Le chef teinturier, après avoir prélevé ses frais, faux frais et son salaire qui doit être égal à celui du négociant, doit avoir eu un reste suffisant pour payer les ouvriers. Or, ces derniers auront droit aux bénéfices que la société aura faites, comparativement à la somme totale de leur salaire pendant toute l'année. Ce moyen, indiqué pour les teinturiers à tant le kilo, peut servir de base pour les devideuses. Sans cela, il serait bien plus simple de déterminer le bénéfice des ouvriers teinturiers, d'après un prix fixé pour la journée de travail.

Si je fais ces quelques observations, c'est pour bien faire comprendre que, dans le nouveau système, chacun peut travailler comme par le passé, sans qu'il soit aucunement besoin d'abandonner son local et de transporter son domicile ailleurs. Une partie des magasins des négociants pourront servir de succursales.

Quant aux apprentis-ouvriers en soie, de tout sexe, ils font, après leur tâche, une certaine longueur d'étoffes qui leur est payée comme aux ouvriers ordinaires. Ils auront donc soin d'avoir un livret sur lequel leurs chefs noteront le nombre de mètres qu'ils auront faits sur chaque pièce, ainsi que le prix de façon du mètre. Puis, en fin d'année, ils remettront leurs livrets à un ou plusieurs teneurs de livres commis à cet effet, qui leur feront connaître ce qui leur revient et le signeront. Leurs chefs leur tiendront ensuite compte du total.

Pour ne pas compliquer et rendre plus faciles les commencements de l'association, il conviendrait, dès le début, de ne pas prendre d'apprentis pendant un certain laps de temps ; ce qui, du reste, ne blessera nullement le principe de la fraternité, puisque la République avisera aux moyens de procurer du travail aux jeunes gens des villes comme à ceux des campagnes.

Je passe maintenant à la répartition des bénéfices. Après le prélèvement du montant des appointements, des salaires, des intérêts relatifs aux mises de fonds et à l'emprunt de l'État, après avoir soldé les frais et diverses dépenses accessoires, qui seront dans l'intérêt général, les bénéfices seront ainsi répartis :

Une moitié sera partagée entre tous les membres de l'association, c'est-à-dire, entre tous ceux qui, comme employés ou travailleurs, concourent au commerce et à la fabrication des articles de soieries, capitalistes, chefs, commis, maîtres-ouvriers, ouvriers, maîtres et ouvriers teinturiers, devideuses, etc., etc. Néanmoins, les capitalistes non employés n'auront aucune part aux bénéfices. La société étant obligée de créer une ou plusieurs succursales, le prix des salaires pour les divers articles de fabrication, les appointements, ainsi que la teneur des réglements, devront être partout les mêmes que dans la maison centrale, c'est-à-dire, que la maison centrale et les diverses succursales devront toutes ensemble ne faire qu'une, être solidaires les unes des autres, et régies, quoique séparément, comme s'il s'agissait d'un même établissement. Ce serait, si je puis parler ainsi, autant de centres partiels d'industrie qui travailleront tous pour la même maison. Union, solidarité, voilà le point essentiel. En isolant les intérêts des divers centres partiels d'industrie, on s'exposerait à ouvrir la porte à l'égoïsme et à la concurrence. Communauté donc dans les achats et les ventes ; communauté dans les pertes, dans les bénéfices ; communauté en tout et partout !

Reste encore une moitié à partager. Sur cette moitié, l'on prendra un quart destiné à fonder une caisse de secours pour les malades, les infirmes, les blessés, les vieillards, etc., etc., dont la société prendra soin, au lieu de laisser, comme à présent, tous ces malheureux végéter ou mendier dans les rues. Le quart restant sera employé à amortir le capital prêté par l'État, ainsi que les mises de fonds de ceux qui voudront ensuite les retirer , après avoir réglé leurs comptes avec la société. Et plus tard , lorsque ces deux quarts, ou l'un des deux , dépasseront les besoins de leur destination, la société les emploiera de la manière qu'elle jugera la plus utile.

Tous ceux qui voudront se retirer de la société , en auront la pleine et entière liberté. Néanmoins, pour éviter de nombreuses écritures , on ne réglera définitivement les comptes qu'en fin d'année , sauf à donner en attendant des à-comptes sur ce qui pourrait leur revenir. Les ouvriers seront toujours régulièrement payés au moment de la livraison de chaque pièce confectionnée par eux. Quant aux mises de fonds , elles seront liquidées ou par un seul paiement, ou par amortissement , selon les ressources financières de la société.

Dans le cas où quelques membres sortant de l'association voudraient laisser , à titre de prêt à la société, soit leurs mises de fonds, soit leurs bénéfices, la société leur en tiendra compte par l'intérêt légal de cinq pour cent par an.

En définitive , par le mode d'organisation que je viens d'exposer succinctement, on ne verrait pas , il est vrai , des négociants faire aux dépens du salaire de l'ouvrier et dans l'espace de huit à dix ans, des fortunes de un million , et même davantage. Mais en revanche ; ce qui vaut infiniment mieux, on verrait succéder à l'ancien ordre de choses le régne de la justice, de l'égalité, de la fraternité. La concurrence, le privilége, le monopole, l'exploitation de l'homme par l'homme, seraient à jamais anéantis, et l'on ne verrait pas non plus de ces nombreuses et épouvantables faillites qui souvent paralysent le commerce et ébranlent le crédit. Le salaire et les bénéfices seraient sagement et légitimement coordonnés et répartis, et tous seraient heureux. Il va sans dire que les non-valeurs seront réparties sur tous, ainsi que les bénéfices. De cette manière, les non-valeurs seront beaucoup plus supportables; et ne tombant plus sur un seul comme par le passé, elles n'entraîneront plus avec elles, ainsi que je viens de le dire tout à l'heure, de ces faillites, de ces catastrophes qui plongent souvent bien des familles dans la misère. En admettant que nos frères, les étrangers, suivent chez eux notre exemple, qu'ils nous imitent dans notre mode d'organisation sociale, comme dans notre révolution, toute concurrence deviendra à jamais impossible au dedans et au dehors de la France. Tous les peuples, en se donnant la main, sanctionneront le grand principe de la fraternité, et réaliseront ces rêves de bonheur que la brutalité et le despotisme des rois brisaient impitoyablement.

A l'œuvre donc , négociants ! Hâtez-vous d'apporter votre part de fortune et de bonne volonté au nouveau mode d'organisation qui doit rétablir l'équilibre social , et donner le bonheur à tous vos frères , à tous les enfants de la grande nation. Votre sûreté personnelle dépend du bien-être général ; car il s'exposerait grandement, celui d'entre vous qui regarderait derrière lui ou resterait stationnaire. A l'œuvre, à l'œuvre donc ! que les étrangers , nos frères , à qui nous donnerons exemple des vertus sociales et des grandes réformes , n'aient pas à rougir de nos luttes et de notre désunion ; qu'ils puissent nous admirer et suivre notre exemple ; et que, en nous imitant, nos frères que nous appellons encore étrangers , ne soient plus qu'un avec nous et fassent tous partie de la même famille !

Chanoine, impr. à Lyon, 18, pl. de la Charité.